Mériam Sabbah
Dalila Gargouri

# Registos médicos partilhados na era dos registos médicos informatizados

Mériam Sabbah
Dalila Gargouri

# Registos médicos partilhados na era dos registos médicos informatizados

ScienciaScripts

**Imprint**
Any brand names and product names mentioned in this book are subject to trademark, brand or patent protection and are trademarks or registered trademarks of their respective holders. The use of brand names, product names, common names, trade names, product descriptions etc. even without a particular marking in this work is in no way to be construed to mean that such names may be regarded as unrestricted in respect of trademark and brand protection legislation and could thus be used by anyone.

Cover image: www.ingimage.com

This book is a translation from the original published under ISBN 978-620-6-71812-3.

Publisher:
Sciencia Scripts
is a trademark of
Dodo Books Indian Ocean Ltd. and OmniScriptum S.R.L publishing group

120 High Road, East Finchley, London, N2 9ED, United Kingdom
Str. Armeneasca 28/1, office 1, Chisinau MD-2012, Republic of Moldova, Europe
Printed at: see last page
**ISBN: 978-620-8-08698-5**

## Conteúdo

## Introdução

O principal objetivo do registo médico partilhado (DMP) é fornecer aos profissionais de saúde, com o consentimento prévio do doente, informações médicas (história clínica, resultados de análises biológicas, imagiologia, tratamentos em curso) de outros profissionais de saúde (médicos de família, especialistas, enfermeiros ou pessoal hospitalar), definindo um perfil médico para cada doente [1].

O objetivo do DMP é fornecer ao médico de família a informação mais completa possível, para que este possa propor o tratamento ou os exames mais adequados, e também para evitar a duplicação desnecessária de exames complementares ou prescrições. Outra vantagem da sua utilização é que permite a partilha segura de dados de saúde, com o objetivo de melhorar a coordenação dos cuidados [2,3]. No futuro, poderá também ter interesse epidemiológico para a deteção precoce e a prevenção de problemas de saúde.

A digitalização dos cuidados de saúde é uma questão nacional na Tunísia [4]. O Ministério da Saúde Pública fez do desenvolvimento da saúde digital uma prioridade estratégica do seu plano de reforma. O programa de desenvolvimento da saúde digital envolve a implementação do sistema de informação hospitalar (criação de registos médicos informatizados (DMI) nas instalações), bem como o desenvolvimento da telemedicina (teleconsulta e (Anexo 1).

No Hospital Habib Thameur (HHT), o DMI foi introduzido em 2015, inicialmente sem partilha de dados entre os vários serviços. Mais recentemente, em 2019, o registo médico passou a ser partilhado entre os diferentes serviços do hospital (Figura 1). Esta partilha foi efectuada após acordo da comissão médica. Trata-se da lista de admissões de doentes e de investigações paraclínicas (Figuras 2 e 3).

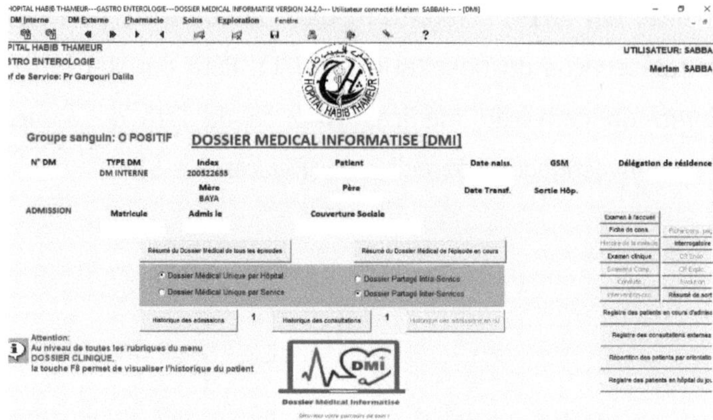


**Figura 1: Partilha de dados no DMI do HHT: dossier médico único por hospital e dossier partilhado entre serviços.**

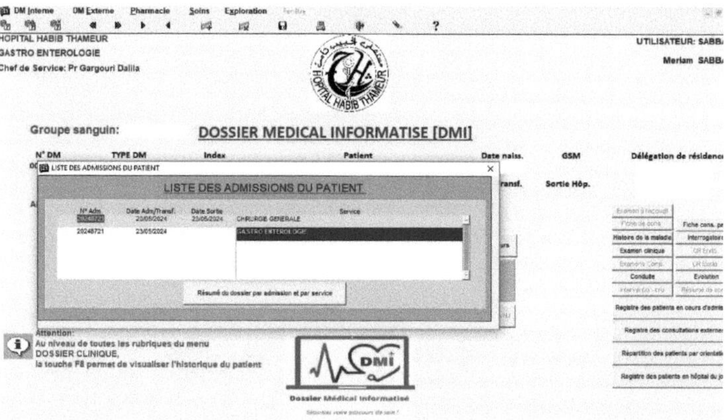


**Figura 2: Partilha interdepartamental de diferentes admissões hospitalares**

**(exemplo de um doente hospitalizado em diferentes serviços)**

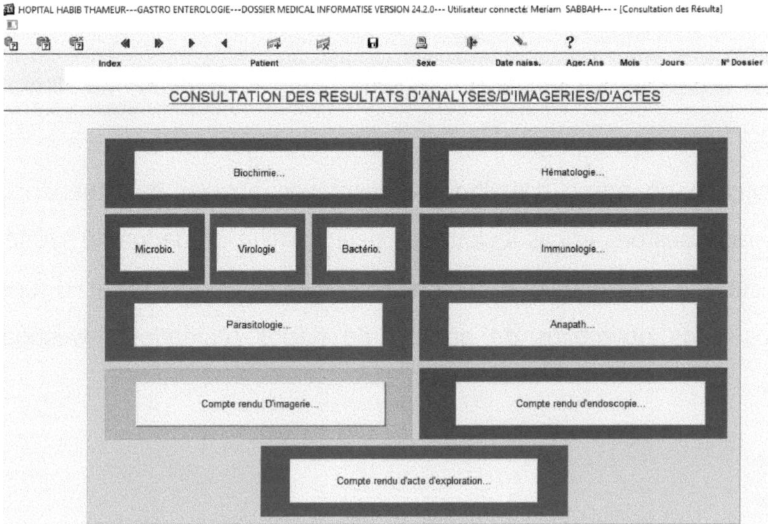


**Figura 3: Partilha interdepartamental de investigações para-clínicas**

De um ponto de vista ético, o PGD é um instrumento de utilidade colectiva e, a priori, individual, baseado nos princípios da beneficência e do respeito pela autonomia.

Os principais obstáculos à sua utilização prendem-se com a complexidade da sua utilização, a falta de estruturação do seu conteúdo, a acumulação de documentos que não podem ser modificados e a sua falta de ergonomia, o que leva a que os médicos não adiram e os doentes não sejam devidamente informados sobre a sua utilização [1,3].

Esta falta de informação levanta questões éticas sobre a sua utilização. O respeito pelo sigilo médico, o consentimento do doente para a sua aplicação e a partilha de dados de saúde, bem como a confiança - a base da relação entre prestadores de cuidados e doentes - são valores postos em causa pelo DMP.

Estes aspectos éticos têm recebido pouca atenção na literatura, especialmente na Tunísia. Daí o interesse do nosso estudo.

O objetivo do nosso trabalho era descrever, através da experiência da HHT, as questões éticas levantadas pela partilha de dados de saúde, em particular a informação e a confidencialidade, e identificar o tipo de dados e os objectivos da partilha de dados (cuidados, investigação, etc.).

## Métodos

### 1. Tipo, localização e período de estudo :

Realizámos um estudo prospetivo descritivo transversal no HHT durante um período de sete meses (agosto de 2023 - fevereiro de 2024).

### 2. População do estudo :

2.1 Critérios de inclusão: foram incluídos todos os médicos qualificados e em formação que utilizavam o DMI no HHT e que tinham dado o seu consentimento informado explícito para participar no estudo.

2.2 Critérios de exclusão: os questionários incompletos foram excluídos do estudo.

2.3 Critérios de não-inclusão: os questionários distribuídos mas não devolvidos após a distribuição não foram incluídos no estudo.

### 3. Metodologia :

A Comissão de Otimização da Informação é uma comissão da HHT que tem por objetivo melhorar a gestão da informação médica. Os seus membros são os médicos referenciadores de cada serviço. Um questionário previamente elaborado (Anexo 2) foi enviado aos participantes no estudo, quer por correio eletrónico, quer entregue pessoalmente pelos médicos referenciadores membros da comissão, ou ainda de porta em porta nos diferentes serviços.

O questionário incluía :

- Informações gerais (sexo, ano de nascimento, grau de escolaridade, anos de experiência, conhecimentos de programas informáticos)

- Informações sobre a DMI (aplicações e rubricas utilizadas, impacto na prática quotidiana, pontos positivos e negativos da digitalização dos dados de saúde)

- Informações sobre o DMP (pessoal de saúde e dados afectados pela partilha)

- De informações sobre as questões éticas suscitadas pelo DMP (dilemas éticos suscitados pela partilha de dados relativos à saúde)

- Por último, no final do questionário, havia uma pergunta aberta para as sugestões dos participantes.

**4. Análise dos dados e estudo estatístico :**

A introdução dos dados e a análise estatística foram efectuadas com recurso ao Statistical Package of the Social Sciences for Windows versão 25. Foi efectuado um estudo descritivo, com cálculo de frequências simples e relativas (percentagens) para as variáveis qualitativas e de médias e amplitude (valores extremos: mínimo e máximo) para as variáveis quantitativas.

**5. Pesquisa bibliográfica :**

Foi efectuada uma pesquisa bibliográfica nos sites Pubmed e Science Diret utilizando as seguintes palavras-chave: registo médico informatizado, registo médico partilhado, ética. Também procurámos trabalhos sobre o mesmo tema na biblioteca de teses e dissertações da Faculdade de Medicina de Tunes.

®As referências foram geridas utilizando o software ZOTERO para referências bibliográficas.

## 6. Considerações éticas :

O anonimato dos profissionais de saúde incluídos no estudo foi respeitado durante todo o processo.

O consentimento informado escrito em francês foi obtido e preenchido pelos participantes na primeira parte do questionário (Anexo 2).

Foi obtida a concordância da comissão de ética institucional do HHT para a realização do estudo (Anexo 3).

Não declaramos qualquer interesse neste trabalho.

# Resultados

## 1. População do estudo

Dos 100 questionários entregues ou enviados por correio eletrónico, recebemos 86 respostas, o que corresponde a uma taxa de participação de 86%. Nenhum participante foi excluído do estudo (Figura 4).

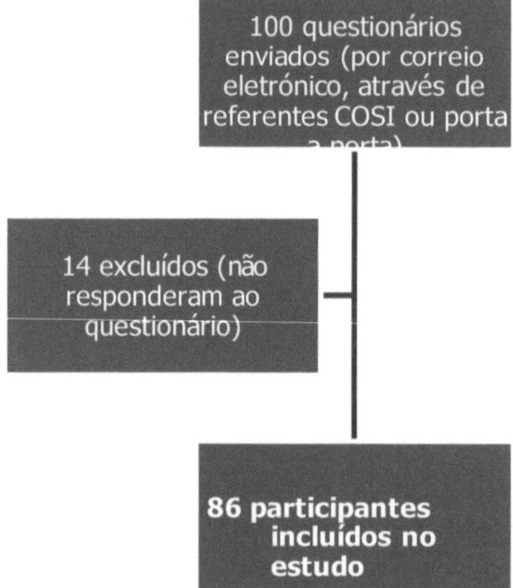


**Figura 4: Diagrama de inclusão do estudo**

## 2. Caraterísticas gerais da população

Os 86 participantes dividiram-se em 35 homens e 51 mulheres, com um rácio de 0,43 entre os sexos e uma idade média de 33,5 anos [25-56 anos].

As caraterísticas gerais dos participantes no estudo estão resumidas no quadro seguinte (Quadro I).

**Quadro I: Caraterísticas gerais dos participantes no estudo**

| Caraterísticas | Dados | Número (n) |
|---|---|---|
| Serviço | Anestesia e cuidados intensivos<br>Anatomopatologia Cardiologia<br>Cirurgia geral Cirurgia pediátrica<br>Gastroenterologia<br>Oftalmologia | 8<br>1<br>20<br>11<br>14<br>27<br>2 |
| | Medicina interna | 3 |
| Grau profissional | Professor<br>Professor Associado Assistente hospital universitário<br>Residente especializado<br>Interno | 7<br>13<br>17<br>5<br>29<br>15 |
| Domínio anterior de software informático | Sim<br>Não | 86<br>0 |
| Tipo de software utilizado | Word Excel PowerPoint<br>Software estatístico (SPSS) | 86<br>60<br>74<br>49 |

## 3. Conhecimentos sobre dispositivos médicos

As respostas dos participantes relativamente à utilização da DMI na sua prática diária estão resumidas no quadro seguinte (Quadro II).

**Quadro II: Dados relativos à utilização da DMI**

| Questão | Resposta | Número(n) |
|---|---|---|
| Utilizar a DMI na prática diário | Sim Não | 85<br>1 |
| Aplicação utilizada | DMI DME<br>Acesso à gestão de marcações<br>Aplicação da anatomopatologia | 85<br>15<br>10<br>3<br>1 |
| Objectivos da utilização do DMI | Para os cuidados dos doentes<br>Para a recolha de dados para trabalho científico | 85<br>18 |
| Tijolos DMI utilizados | Observação médica Resumos de alta<br>Monitorização<br>Investigações (laboratório, radiologia)<br>Introdução de relatórios de procedimentos/operatórios<br>Gestão de stocks Codificação de farmácias<br>Estatísticas de serviço | 71<br>56<br>33<br>85<br>55<br>5<br>70<br>45<br>2 |

| Rubricas DME utilizadas | Entrar na consulta Pedir exames complementares Prescrição médica Marcar consulta Atestado médico | 45<br>86<br><br>55<br>12<br>16 |
|---|---|---|
| Rubricas de gestão compromissos | Consultas externas<br>Marcação de consultas (endoscopia, etc.) | 62<br>70 |
| utilizado | Consultas no hospital<br>Gestão de férias | 22<br>3 |
| Prática diária facilitado pelo DMI | Sim<br>Não | 80<br>6 |
| Aspectos positivos da digitalização dos dados relativos à saúde | Melhora o acompanhamento dos doentes Facilita os cuidados multidisciplinares<br>Permite-lhe racionalizar a realização de testes adicionais<br>Permite o acompanhamento da medicação Facilita a obtenção de resultados de testes adicionais<br>- Imagiologia<br>- Endoscopia<br>- Biologia<br>- Anatomopatologia | 82<br>80<br>76<br><br>59<br>78 |

| | | |
|---|---|---|
| Pontos negativos da utilização de aplicações para digitalização dados de saúde | Falta de equipamento (computadores) Falta de formação dos utilizadores Demasiado tempo Bugs informáticos Identificação do doente | 37<br>42<br>21<br>28<br>10 |

## 4. Conhecimento do DMP

As respostas dos participantes relativamente ao seu conhecimento do DMP estão resumidas no quadro seguinte (Quadro III).

**Quadro III: Dados relativos ao DMP**

| Questão | Resposta | Número (n) |
|---|---|---|
| Natureza da partilha de IMD | DM único por hospital DM único por serviço<br>Ficheiro partilhado intra-departamental Ficheiro partilhado inter-departamental<br>Não sei | 44<br>21<br>11<br>38<br>5 |
| Dados abrangidos pela partilha | Resumo de observação Resumo de alta Formulário de consulta externa Exames complementares Relatório cirúrgico Consulta pré-operatória anestésico | 67<br>71<br>22<br>78<br>33<br>2 |
| O pessoal de saúde deve ser envolvido na partilha | Entre médicos Serviço administrativo Serviço de registo Serviço financeiro Enfermeiros Nutricionistas<br>Com os técnicos anestesia | 86<br>44<br>35<br>21<br>69<br>12<br>17 |
| Melhorias ligadas à partilha de dados de saúde | Cuidados abrangentes com o paciente<br>Multidisciplinaridade no tratamento dos doentes<br>Gestão de recursos Arquivamento | 68<br>79<br>80<br>55 |

## 5. Questões éticas levantadas pelo DMP

A parte final do questionário tratava das questões éticas levantadas pelo DMP. As reservas éticas expressas pelos participantes relativamente ao DMP estavam principalmente relacionadas com os valores de :

- confidencialidade e respeito pelo segredo médico (n=70; 81%),
- comunicação / informação (n=48; 56%)
- ética das publicações (n=11; 24%).
- Cinco participantes (6%) não manifestaram qualquer reserva ética.

Além disso, 60 participantes consideraram que era necessário um consentimento informado para que os dados de saúde pudessem ser partilhados (69%). Estes resultados estão resumidos na figura 5.

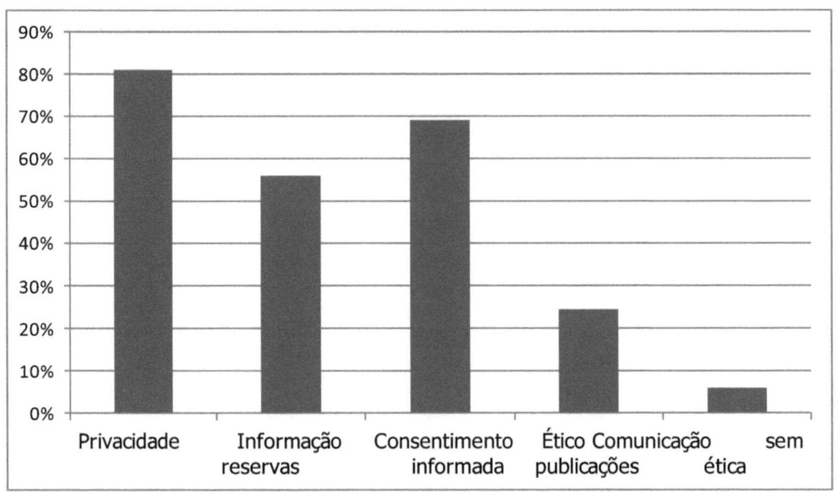


**Figura 5: Reservas éticas expressas pelos participantes sobre o DMP**

## 6. Sugestões dos participantes

No final do questionário, foi dada aos participantes a oportunidade de apresentarem as suas próprias sugestões. As principais sugestões foram as seguintes

- Proposta de formação sobre a utilização do DMI para os novos estagiários/residentes e pessoal paramédico
- Inserção de uma secção de anexos para incluir as explorações efectuadas pelos pacientes no sector privado e as cartas de referência dos médicos de clínica geral
- Melhorias na lista de codificação (transição para a décima primeira versão da Classificação Internacional de Doenças)
- Personalizar a aplicação de acordo com as suas especialidades
- Validação de formulários pré-estabelecidos para facilitar a informatização dos dados, considerada morosa
- Partilha total inter-hospitalar e inter-serviços de dados de saúde para melhorar os cuidados multidisciplinares dos doentes
- Fornecimento de tablets para facilitar o manuseamento e a utilização do DMI aquando da visita à cama do doente
- Melhorias na rede informática (ligações mais rápidas, menos erros, acesso mais fácil às imagens de raios X)
- Formação do pessoal de registo sobre a importância de respeitar o identificador único do doente para evitar registos duplicados do mesmo doente
- Proposta de introdução de um formulário de consentimento informado para os doentes relativamente à partilha dos seus dados de saúde.

## Discussão

Neste capítulo, iremos rever os principais resultados do nosso estudo, enumerando depois os seus pontos fortes e limitações. Em seguida, definiremos o DMP, apresentaremos o seu enquadramento legislativo, antes de levantarmos os dilemas éticos suscitados pela sua utilização e terminaremos propondo recomendações e perspectivas para a prática clínica atual relacionada com o DMP.

### 1. Principais resultados

Realizámos um estudo descritivo prospetivo transversal no HHT durante um período de sete meses (agosto de 2023 - fevereiro de 2024), cujo objetivo foi descrever, através da experiência do HHT, as questões éticas levantadas pela partilha de dados de saúde, em particular a informação, a confidencialidade, a identificação do tipo de dados e os objectivos da partilha de dados (cuidados, investigação, etc.).

Foram incluídos todos os profissionais de saúde (médicos habilitados e médicos em formação) que utilizam o DMI no HHT e que deram o seu consentimento informado por escrito para participar no estudo. Os questionários incompletos foram excluídos do estudo e os questionários distribuídos mas não devolvidos após a distribuição não foram incluídos no estudo.

O questionário foi enviado por correio eletrónico e entregue porta-a-porta aos médicos licenciados ou em formação nos vários serviços do HHT. Incluía informações de carácter geral, informações sobre o DMI, informações sobre o DMP e informações sobre as questões éticas levantadas pelo DMP, bem como uma questão aberta a sugestões.

Dos 100 questionários enviados ou entregues, incluímos 86 participantes, ou seja, uma taxa de participação de 86%, divididos em 35 homens e 51 mulheres, com uma relação de género M/F de 0,43 e uma idade média de 33,5 anos [25-56 anos].

As especialidades dominadas foram a gastrenterologia (n=27), seguida da cardiologia e da cirurgia pediátrica e geral (n=20, 14 e 11, respetivamente). Os residentes estavam em maioria em 29 casos. Todos os participantes tinham conhecimentos prévios de programas informáticos, com preferência pelo Office, seguido de programas estatísticos. A utilização do DMI foi prática comum em 85 casos, sendo o DMI a principal aplicação, seguida do DME e da gestão de consultas. A utilização do DMI facilitou a prática de rotina para 80 participantes, sendo os principais pontos negativos a falta de recursos (computadores), a formação na utilização do DMI e os bugs informáticos em 42, 37 e 28 casos, respetivamente.

Quarenta e quatro dos participantes pensam que o registo médico é único para cada hospital, enquanto 38 pensam que os dados são partilhados entre departamentos. De acordo com os participantes, a partilha de dados deve incidir principalmente sobre as explorações (n=78), o resumo de alta (n=71) e o ficheiro de observação (n=67). Todos concordaram também que os dados devem ser partilhados entre médicos. Além disso, a partilha de dados de saúde optimiza a gestão dos recursos, a multidisciplinaridade e a gestão global dos doentes, respetivamente

As reservas éticas expressas pelos participantes relativamente ao PGD estavam principalmente ligadas aos valores da confidencialidade e do respeito pelo segredo médico (n=70; 81%), seguidos da comunicação/informação (n=48; 56%). Sessenta participantes consideraram que era necessário o consentimento informado antes de os dados de saúde poderem ser partilhados (69%).

## 2. Pontos fortes e limitações do estudo

### 2.1 Pontos fortes do estudo

O nosso estudo representa o primeiro estudo tunisino a centrar-se no DMP e, especificamente, nas considerações éticas que este suscita. Outro ponto forte do nosso estudo é o facto de ser transversal e prospetivo. Além disso, incluiu uma população homogénea de participantes da área médica. Além disso, centrou-se num tema inovador, testemunhando assim o carácter piloto dos esforços da HHT para digitalizar os dados de saúde, bem como o interesse da estrutura pelas considerações éticas relacionadas com os cuidados.

### 2.2 Limites do estudo

O nosso estudo tem, no entanto, algumas limitações. A reduzida dimensão da amostra e o carácter monocêntrico do estudo dificultam a interpretação dos dados, tanto mais que o DMI é hoje amplamente utilizado na maioria dos hospitais. De igual modo, teria sido interessante realizar um estudo que englobasse os vários profissionais de saúde (paramédicos, administrativos) envolvidos nos cuidados aos doentes e que utilizam o DMI de forma rotineira na sua prática quotidiana.

## 3. Informações gerais sobre o DMP

### 3.1 Definição

O DMP é um espaço de armazenamento seguro de dados de saúde, que permite a partilha de documentos relativos à saúde dos doentes entre profissionais de saúde. Os profissionais e os estabelecimentos de saúde podem contribuir para os PGD dos seus doentes e consultá-los [3].

## 3.2 Dados partilhados

Todos os dados na posse dos profissionais de saúde podem ser partilhados, desde que sejam úteis para os cuidados do doente. Pode tratar-se, por exemplo, de resultados de análises (biológicas ou radiológicas), receitas médicas, relatórios de internamento ou de consultas externas, relatórios de operações ou de procedimentos exploratórios, calendários de vacinação ou de medicação. Em todos os casos, a partilha deve ser limitada aos dados "necessários, pertinentes e não excessivos" e diretamente relacionados com a área de especialização de cada profissional de saúde, estando cada um deles vinculado a um sigilo médico rigoroso [2].

## 3.3 Pessoas com acesso a dados partilhados

Esta partilha diz respeito aos profissionais de saúde com os quais o doente mantém uma relação de cuidados ou terapêutica, ou seja, num quadro estrito de qualidade e de continuidade dos cuidados. A confidencialidade partilhada é, portanto, um novo conceito que põe em evidência os diferentes intervenientes na relação entre os prestadores de cuidados e os doentes e que já não diz respeito apenas aos médicos, mas a todos os profissionais de saúde (equipas paramédicas, pessoal de limpeza, motoristas de ambulâncias, secretários médicos, etc.).
...). A prática multidisciplinar acentuou ainda mais este segredo partilhado. [1,3]. No entanto, continua a existir a questão da partilha com determinadas pessoas, como o serviço administrativo ou financeiro,

a autoridade de controlo (Ministério da Saúde Pública) ou as companhias de seguros.

## 4. Quadro legislativo para o DMP

Os dados tunisinos sobre esta matéria são bastante escassos. No âmbito da XVIII Cimeira da Francofonia, realizada em Djerba em 2022, um dos objectivos do Ministério da Saúde Pública, no quadro do programa de desenvolvimento da saúde digital na Tunísia, era a implantação do Prontuário Médico Eletrónico (DMI) nas estruturas de saúde pública para melhorar os cuidados prestados aos doentes (melhor acompanhamento graças a um historial do doente, partilha contínua de dados médicos em tempo real entre as várias partes envolvidas no percurso do doente, etc.)[4].

Anteriormente, num estudo publicado em 2018 sobre a aceitabilidade das DMI pelos médicos nos hospitais [5], os resultados sugeriram que os decisores nos hospitais tunisinos precisavam de assegurar um ambiente de trabalho propício à otimização da utilização das TI, fornecendo mais informações e explicando os benefícios e oportunidades, e promovendo um ambiente profissional que apoiasse a partilha de informações no âmbito do quadro legislativo e ético do sector médico.

A autoridade nacional para a proteção dos dados pessoais também emitiu um parecer consultivo sobre o PGD no seu conjunto de ferramentas de 2022 [6], sublinhando a importância de respeitar os dados pessoais, anonimizando-os tanto quanto possível, com base na lei de 2004 sobre a proteção dos dados pessoais [7]. Sublinhou igualmente a necessidade de um elevado nível de autenticação para o acesso aos dados de saúde partilhados entre diferentes profissionais (palavra-passe de utilização única ou qualquer outro mecanismo de autenticação de dois factores (cartão inteligente, chave USB, etc.) para garantir a segurança informática. Este organismo sublinha igualmente a necessidade de obter um acordo para a partilha internacional de dados médicos.

O Código Deontológico tunisino [8] não contém um parágrafo especificamente relacionado com o DMP, mas o seu artigo oitavo sublinha a confidencialidade dos médicos, especificando que todos os médicos estão vinculados ao segredo profissional, exceto no caso de derrogações estabelecidas por lei. Isto indica a ausência de um quadro legal ou regulamentar para a confidencialidade partilhada, por oposição ao carácter geral e absoluto do segredo médico.

Noutros locais, como em França, o quadro legislativo é mais preciso, estando definido no Decreto n.º 2021-1047, de 4 de agosto de 2021, relativo ao ficheiro médico partilhado [9]. Este especifica em três secções a criação e o conteúdo do DMP, as condições de acesso e os direitos do titular e, por último, os direitos dos profissionais autorizados. Em 2006, a autoridade francesa para a proteção de dados (CNIL) publicou um decreto [10] sobre o alojamento de dados pessoais de saúde. Marcelli et al propuseram uma série de soluções para garantir a segurança do DMP [11]. Propõem que cada doente se torne o seu próprio anfitrião através de um dispositivo móvel, de um cartão de memória ou de uma chave, que constitua o seu ficheiro. Em cada consulta, o paciente forneceria o seu cartão de seguro de saúde e o seu dossier, introduzindo uma palavra-passe pessoal. O médico, por seu lado, deverá dispor de um software que lhe permita utilizar o suporte e aceder a ele no seu computador, utilizando o seu cartão de saúde profissional. As informações médicas encriptadas que aparecem só poderão ser utilizadas pelo médico assistente e pelo doente, uma vez que é necessária uma simultaneidade de lugar e de tempo entre o suporte, o cartão vital, o código secreto do doente e a presença do médico que dispõe de um software com códigos de segurança.

Também na Bélgica, o DMP é regido por uma lei clara: a lei de 22 de abril de 2019 sobre a qualidade da prática dos cuidados de saúde [12]. Esta lei especifica que apenas os profissionais de saúde que mantêm uma relação terapêutica com os doentes têm acesso aos dados pessoais relativos à sua saúde. Além disso, esta lei incentiva o cumprimento das seguintes condições: o objetivo do acesso é a prestação de cuidados de saúde; o acesso é necessário para a continuidade e a qualidade dos cuidados de saúde prestados; o acesso é limitado aos dados úteis e pertinentes para a prestação de cuidados de saúde.

## 5. Considerações éticas sobre o DMP

A partilha de dados de saúde levanta questões sobre a **confidencialidade e o respeito pelo segredo médico.** Quando um doente confia os seus dados de saúde a um profissional de saúde, esses dados são partilhados com toda uma equipa de saúde, incluindo pessoal médico, paramédico e administrativo [13].

Também aqui, o doente está sujeito a um **conflito de interesses** contraditórios, entre guardar o segredo e a informação para si próprio, a fim de preservar a sua privacidade, ou revelá-la para obter os melhores cuidados [11].

Além disso, a informatização dos meus dados coloca o problema da cibersegurança, assegurada por um acesso e um armazenamento altamente seguros na rede DMI. O acesso seguro através de uma palavra-passe ou de um cartão profissional reduz o risco de pirataria [14].

Respeitar a confidencialidade e o segredo médico significa obter **o consentimento informado** para a partilha de dados. Trata-se do acordo do doente para que os seus dados de saúde sejam partilhados de forma eletrónica e segura entre as pessoas envolvidas nos seus cuidados. A partilha destes dados realiza-se exclusivamente no âmbito da continuidade e da qualidade dos cuidados médicos e no respeito da regulamentação relativa à proteção dos dados pessoais [1,2,15].

O consentimento para o tratamento e a partilha de dados relativos à saúde não deve ser confundido com o consentimento necessário para a realização de certos actos médicos [16,17]. Deve ser informado, explícito e expresso. No anexo 4 é proposto um exemplo de consentimento para a partilha de dados de saúde criado pela Rede Europeia de Doenças Raras [18]. Esta partilha permitiria melhorar os cuidados aos doentes, por exemplo, identificando casos de uma doença órfã.

A partilha de informações é, portanto, um meio adequado para prestar cuidados de qualidade, mas só pode ser feita com o consentimento informado do paciente. Isto implica fornecer ao doente todos os elementos pertinentes sobre os objectivos da partilha, o conteúdo previsto, a função ou a competência das instituições destinatárias, e mesmo o nome das pessoas envolvidas, bem como avaliar as questões em jogo e as possíveis consequências para a situação do doente da partilha ou não partilha de determinadas informações [19].

É importante referir que os doentes podem retirar o seu consentimento em qualquer altura ou recusar a determinados profissionais de saúde o acesso aos seus dados. Do mesmo modo, podem pedir ao profissional de saúde em causa que não partilhe determinadas informações. Isto insere-se no contexto mais vasto do respeito pela **autonomia** dos doentes e da relação de confiança que estes mantêm com os profissionais de saúde, que é fundamental para a relação entre os profissionais de saúde e os doentes [20].

O consentimento informado não é atualmente obtido para a partilha de dados no HHT; presume-se que foi obtido, a menos que o doente se oponha. No entanto, isto levanta a questão de **informar e comunicar** com o doente sobre a partilha de dados e os procedimentos envolvidos [21].

Em primeiro lugar, os doentes devem ser informados sobre a partilha dos seus dados de saúde, e essa informação deve ser clara, justa e adequada. A informação é a fonte do consentimento e da sua validade.

Em segundo lugar, a informação e a comunicação entre os diferentes profissionais de saúde através do DMP, que permite otimizar os cuidados prestados aos doentes num quadro multidisciplinar, e que tem igualmente um interesse para a saúde pública, reduzindo as despesas de saúde ligadas à redundância das explorações (biológicas ou radiológicas, por exemplo). Esta otimização dos recursos de saúde, através do controlo das despesas de saúde, assenta num espírito global de **benevolência** para com a população em geral e, segundo a teoria utilitarista, privilegia o bem da maioria em detrimento do interesse pessoal [17]. O objetivo da partilha é melhorar a eficiência e a qualidade dos cuidados.

Para além dos valores éticos levantados, é importante notar o problema da **ética das publicações** que podem ser afectadas pelo DMP [22]. Alguns dados de saúde poderiam ser utilizados para fins científicos, sem o conhecimento dos doentes e sem informar ou envolver certos profissionais de saúde que estiveram envolvidos nos cuidados aos doentes. Este problema poderia ser resolvido através da formação dos profissionais de saúde em matéria de ética das publicações.

## 6. Perspectivas e recomendações

No final do nosso estudo, podemos apresentar uma série de recomendações relativas à utilização do DMI e do DMP e às considerações éticas que estas aplicações suscitam.

Propomos sessões de formação para os profissionais de saúde sobre os valores éticos suscitados pela partilha de dados de saúde. Estas sessões de formação poderiam ser realizadas sob a égide do comité de desenvolvimento profissional contínuo do hospital, em associação com o comité de ética institucional. Estas acções de formação poderiam ser realizadas sob a égide do comité de formação profissional contínua do hospital, em associação com o comité de ética institucional.

Além disso, a promoção e o desenvolvimento do DMP só podem ser encarados se forem elaboradas normas e protocolos comuns para os diferentes estabelecimentos de saúde, se forem desenvolvidos sistemas informáticos com armazenamento seguro e se forem estabelecidas regras estritas de confidencialidade e segurança para proteger as

informações pessoais e médicas dos doentes. O mesmo se aplica ao alojamento dos dados de saúde, que deve ser altamente seguro.
Por conseguinte, propomos que o DMP se limite a determinadas informações necessárias à colaboração multidisciplinar e à continuidade dos cuidados prestados aos doentes, de uma forma comum a todas as estruturas hospitalares. Estas informações incluem

- Antecedentes
- Relatórios hospitalares
- Historial de cuidados nos últimos 24 meses
- Resultados das investigações (análises biológicas e radiológicas, procedimentos, relatórios de funcionamento, etc.)
- Dados de contacto de emergência
- E, eventualmente, as diretivas antecipadas de fim de vida, se estas tiverem sido definidas pelo doente...

Além disso, tal como sugerido por alguns participantes, seria interessante oferecer aos doentes um formulário de consentimento informado, no qual estes dariam a sua autorização para que os seus dados médicos fossem partilhados entre os vários profissionais envolvidos nos seus cuidados. Assim, propomos um formulário de consentimento a inserir no DMI e a preencher pelo doente (ou pelo seu tutor legal) logo que seja consultado ou hospitalizado no HHT, com assinatura eletrónica (anexo 5).

Por fim, a perspetiva de um PGD inter-hospitalar (ou mesmo inter-estruturas de saúde, incluindo assim os centros de cuidados de saúde primários e os estabelecimentos do sector privado) deve ser considerada pelas autoridades sanitárias, a fim de facilitar o acesso dos doentes aos cuidados de saúde nas diferentes estruturas hospitalares do país, optimizando simultaneamente as despesas de saúde. Esta partilha deve, no entanto, beneficiar de uma proteção de dados de alta segurança para garantir a confidencialidade dos dados de saúde.

## Conclusões

A digitalização dos dados de saúde é uma questão nacional. O objetivo principal do DMP é disponibilizar informação médica aos profissionais de saúde, com o consentimento prévio do doente, de forma a otimizar o tratamento médico e garantir a continuidade dos cuidados numa perspetiva multidisciplinar. Esta partilha de informação envolve valores éticos na sua utilização, incluindo a confidencialidade, o consentimento informado, a informação e a comunicação. Estes aspectos éticos têm recebido pouca atenção na literatura, especialmente na Tunísia. O DMP foi recentemente introduzido no HHT após aprovação pela comissão médica, daí o interesse do nosso estudo.

O objetivo do nosso trabalho foi descrever, através da experiência da HHT, as questões éticas levantadas pela partilha de dados de saúde.

Realizámos um estudo descritivo, transversal e prospetivo de recolha de dados no HHT durante um período de sete meses (agosto de 2023 - fevereiro de 2024), cujo objetivo foi descrever, através da experiência do HHT, as questões éticas levantadas pela partilha de dados de saúde, nomeadamente a informação, a confidencialidade, a identificação do tipo de dados e os objetivos da partilha de dados (cuidados, investigação, etc.).

Foram incluídos todos os médicos habilitados e em formação que utilizam o DMI no HHT e que deram o seu consentimento informado por escrito para participar no estudo. Os questionários incompletos foram excluídos do estudo e os questionários distribuídos mas não devolvidos após a distribuição não foram incluídos no estudo.

O questionário foi enviado por correio eletrónico ou entregue porta-a-porta a profissionais de saúde de vários serviços do HHT. Incluía informações de carácter geral, informações sobre o DMI, informações sobre o DMP e informações sobre as questões éticas suscitadas pelo DMP, bem como uma pergunta aberta a sugestões.

Dos 100 questionários enviados ou entregues, incluímos 86 participantes, ou seja, uma taxa de participação de 86%, divididos em 35 homens e 51 mulheres, com uma relação de género M/F de 0,43 e uma idade média de 33,5 anos [25-56 anos].

As especialidades dominadas foram a gastrenterologia (n=27), seguida da cardiologia e da cirurgia pediátrica e geral (n=20, 14 e 11, respetivamente). Os residentes estavam em maioria em 29 casos. Todos os participantes tinham conhecimentos prévios de programas informáticos, com preferência pelo Office, seguido de programas estatísticos. A utilização do DMI foi prática comum em 85 casos, sendo o DMI a principal aplicação, seguida do DME e da gestão de consultas. A utilização do DMI facilitou a prática de rotina para 80 participantes, sendo os principais pontos negativos a falta de recursos (computadores), a formação na utilização do DMI e os bugs informáticos em 42, 37 e 28 casos, respetivamente.

Quarenta e quatro dos participantes pensam que o registo médico é único para cada hospital, enquanto 38 pensam que os dados são partilhados entre departamentos. De acordo com os participantes, a partilha de dados deve incidir principalmente sobre as explorações (n=78), o resumo de alta (n=71) e o ficheiro de observação (n=67). Todos concordaram também que os dados devem ser partilhados entre médicos. Além disso, a partilha de dados de saúde optimiza a gestão dos recursos, a multidisciplinaridade e os cuidados globais dos doentes, respetivamente

As reservas éticas expressas pelos participantes relativamente ao PGD estavam principalmente ligadas aos valores da confidencialidade e do respeito pelo segredo médico (n=70; 81%), seguidos da comunicação/informação (n=48; 56%). Sessenta participantes consideraram que era necessário o consentimento informado antes de os dados de saúde poderem ser partilhados (69%).

O nosso estudo representa o primeiro estudo tunisino transversal e prospetivo de recolha de dados que se debruçou sobre um tema inovador, atestando assim o carácter piloto da digitalização dos dados de saúde levada a cabo pela HHT, bem como o interesse demonstrado pela organização em considerações éticas relacionadas com os cuidados. No entanto, a pequena amostra, o carácter monocêntrico do estudo e o facto de apenas terem participado médicos são pontos fracos.

Finalmente, no final do nosso estudo, os médicos participantes parecem estar conscientes dos dilemas éticos suscitados pela partilha de dados de saúde. Propomos que a formação de sensibilização seja alargada a outros profissionais de saúde, a fim de integrar a partilha de dados na relação entre prestadores de cuidados e doentes. Propomos igualmente que a informação a partilhar seja definida coletivamente, a fim de otimizar a qualidade dos cuidados e a gestão dos recursos, e que seja inserido no DMI um formulário de consentimento informado para ser assinado eletronicamente pelos doentes consultados ou internados no hospital. Isto contribuirá para promover a multidisciplinaridade e a continuidade dos cuidados através da confidencialidade partilhada. Por fim, é através da sensibilização e da formação dos profissionais de saúde e dos doentes que a partilha dos dados de saúde pode ser encarada de forma generalizada em todas as estruturas hospitalares, e mesmo entre hospitais. As perspectivas para este estudo são que a partilha de dados de saúde seja alargada a todos os profissionais de saúde e que os dados de saúde sejam partilhados à escala nacional.

## Referências

1. Lucas J. A partilha de dados pessoais de saúde em usos digitais de saúde postos à prova do consentimento expresso do indivíduo. Ética Med Saúde Pública. 2017 Jan;3(1):10-8

2. Hervé C, Stanton-Jean M, Martinent É. Les systèmes informatisés complexes en santé: banque de données, télémédecine, normes et enjeux politiques. Paris: Dalloz; 2013. (Thèmes & commentaires).

3. Registo médico partilhado [Internet]. Wikipédia; 2023 Nov 17. Disponível em: https://fr.wikipedia.org/w/index.php?title=Dossier_m%C3%A9dical_partag
%C3%A9&oldid=209639346

4. Ministério da Saúde da Tunísia. Programme de développement de la "santé numérique" en Tunisie [Internet]. 2023 Nov 15 [acedido em 2023 Nov 15]. Disponível em: http://www.santetunisie.rns.tn/fr/prestations/programme-de-développement-de-la-"santé-numérique"-en-tunisie?start=3

5. Hammouda SB, Hadoussa S. Projet e-santé Tunisie : étude des facteurs d'acceptation du Dossier Médical Informatisé (DMI) par les médecins auprès des hôpitaux. Management & Avenir. 2018;(102):15-31.

6. Instituto Nacional de Proteção de Dados Pessoais (INPDP). Recursos [Internet]. 2023 [consultado em 2023-11-28]. Disponível em: https://www.inpdp.tn/Ressources.html

7. Ministério da Justiça. Lei orgânica n.º 2004-63, de 27 de julho de 2004, relativa à proteção dos dados pessoais [Internet]. [citado 2023-10-26]. Disponível em: https://legislation-securite.tn/latest-laws/loi-organique-n-2004-63-du-27-juillet-2004-portant-sur-la-protection-des-données-a-caractere-personnel/

8. Instituto de Imprensa Oficial da República da Tunísia (IORT). Código de Deontologia Médica (CDM). Túnis: IORT; 2022.

9. Legifrance. Decreto n.º 2022-703 de 25 de abril de 2022 relativo à implementação do Dossier Médical Partagé [Internet]. 2022. Disponível em: https://www.legifrance.gouv.fr/jorf/id/JORFTEXT000043914236

10. Legifrance. Loi n° 2004-810 du 13 août 2004 relative à l'assurance maladie [Internet]. 2004. Disponível em: https://www.legifrance.gouv.fr/jorf/id/JORFTEXT000000264665

11. Marcelli A, Solaret D. Segurança dos registos médicos partilhados. Bull Acad Natle Méd. 2010;194(4-5):767-78.

12. Serviço público federal de justiça. Lei de 22 de abril de 2019 sobre a qualidade das práticas de cuidados de saúde [Internet]. 2019. Disponível em: https://etaamb.openjustice.be/fr/loi-du-22-avril-2019_n2019041141.html

13. Pougnet R, Pougnet L. Le dossier médical partagé: pour un usage centré sur la personne? Éthique & Santé. 2019;16(2):64-70.

14. Karsz S. A partilha de informações, entre os constrangimentos deontológicos e as questões éticas. La revue du Centre Michel de L'Hospital. 2020;(20).

15. Hecquet M. O dossier médico, um instrumento da relação de cuidados? Éthique Santé. 2012 mars;9(1):11-3.

16. Pougnet R, Mazeaux S, Quere S, Pougnet L, Le Breton P, Dutray S. Questões éticas do software de psicologia virtual. Droit Santé Société. 2016;4(4):33-45.

17. Jousset D. O momento da decisão em ética médica. J Int Bioethique Int J Bioeth. 2014 Jun;25(2):113-35, 174.

18. Ern-rnd.eu [Internet]. FR_InformedConsent.pdf. Disponível em: https://www.ern-rnd.eu/wp-content/uploads/2018/11/FR_InformedConsent.pdf

19. Metiers.action-sociale.org [Internet]. Consentement éclairé médico-social. Disponível em: https://metiers.action-sociale.org/pratiques/consentement-eclaire-medico-social

20. Moutel G. Ética e informatização do Dossiê Médico Pessoal [Internet]. Espace de réflexion éthique de Normandie; 2020 Oct 19 [modificado 2021 Aug 2]. Disponível em: https://www.espace-ethique-normandie.fr/9341/

21. Bonnaud G. Dados médicos pessoais no Google: perigo real da saúde digital? Hegel. 2013;3(3):161-2. Éditions Association pour la revue HEGEL. ISSN 2269-0530. DOI: 10.4267/2042/51449.

22. Peternelj-Taylor C. Promoting Ethical Integrity in Publishing (Promover a integridade ética na publicação). J Forensic Nurs. 2013 Oct 25;9:65-7.

# Apêndices

## Anexo 1: Programa de desenvolvimento da saúde digital do Ministério da Saúde Pública da Tunísia 2017-2025

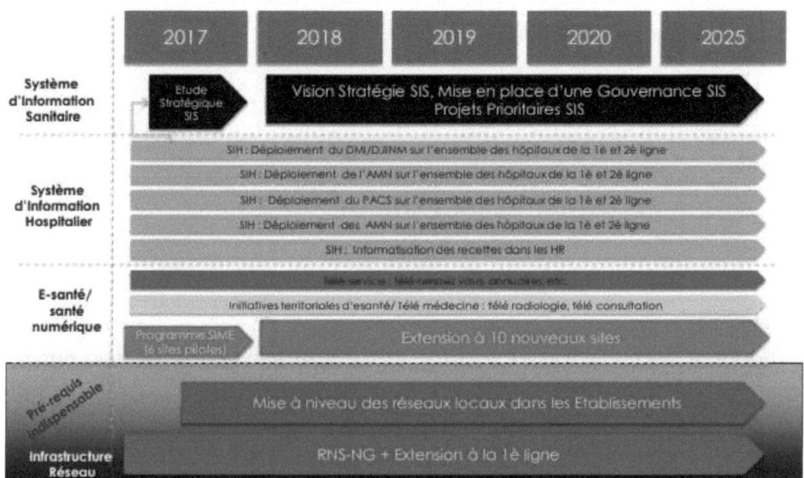

## Apêndice 2: Questionário entregue ou enviado por correio eletrónico aos participantes com consentimento informado

### QUESTIONÁRIO DMI-DMP

Está a participar num estudo transversal sobre o dossier médico partilhado no âmbito de uma dissertação para o CEC em bioética médica na Faculdade de Medicina de Túnis, redigida pelo Pr Ag Mériam SABBAH e supervisionada pelo Pr Dalila GARGOURI.

Foi obtido o acordo do comité de ética do HHT para este estudo.

As perguntas que lhe forem feitas permanecerão confidenciais e anónimas.

**Concorda em participar neste estudo?**

| Sim | |
|---|---|
| Não | |

Se a resposta anterior for afirmativa, responda às perguntas seguintes

**Perguntas de carácter geral**

| | |
|---|---|
| O seu género | Homem□ Mulher□ |
| Ano de nascimento | |
| Trabalha no | .............................................. ... |
| Trabalha como | Professor□ MCA□ AHU□<br>Residente□ Estagiário□ Externo □<br>Outro□<br>Especificar<br>.............................................. |
| Anos de experiência | ≥ 10 anos □ 5-10 anos □<br>≤ 5 anos □ |
| Domina a utilização de programas informáticos? | Sim □<br>Não □<br>Em caso afirmativo, quais? |
| | Word □ Excel □ Powerpoint □<br>Software estatístico (SPSS, etc.) □ |

**Relativamente ao processo clínico informatizado**

| Utiliza registos de saúde electrónicos na sua prática diária | Sim□ Não□ |
|---|---|
| Em caso afirmativo, qual é a aplicação que utiliza? | DMI □ DME □<br>Gestão de marcações □ Acesso □<br>Outros □<br>Especificar<br>............................................... |
| O DMI é utilizado para | Cuidados com os doentes □ Recolha de dados para trabalhos científicos □ |
| que rubricas utiliza na DMI? | Observação médica □ Resumos de alta □ Monitorização □<br>Investigações (laboratório, radiologia) □<br>Candidatura □ Resultados □<br>Introdução de relatórios de procedimentos/operatórios □ Gestão de stocks (dispositivos médicos, medicamentos) □ Farmácia □<br>Codificação □<br>Estatísticas de serviço □ Outros □<br>Especificar<br>............................................... |
| Que rubricas utiliza no EMR | Entrar na consulta □ Pedir testes adicionais □ |
|  | Prescrição médica □ Marcação de consultas □ Atestado médico □ Outro □<br>Especificar<br>............................................... |

| Que secções utiliza para gerir as marcações? | Consultas externas □ Consultas de procedimentos (endoscopia, etc.) □<br>Consultas de internamento □ Gestão de férias □<br>Outros □<br>Especificar |
|---|---|
| Informatização de<br>a saúde facilitou a sua<br>prática diária | Sim □ Não □ |
| Quais são os aspectos positivos da digitalização dos dados relativos à saúde? | Melhora o acompanhamento dos doentes □ Facilita os cuidados multidisciplinares □<br>Permite a realização de testes adicionais de forma mais eficiente □<br>Permite a monitorização de medicamentos □ Facilita a obtenção de resultados de testes adicionais<br>- Imagiologia □<br>- Endoscopia □<br>- Biologia □<br>- Anatomopatologia □ Outros □<br>Especificar |
| quais são os pontos negativos com que se deparou na utilização de aplicações de dados de saúde digitais? | Falta de equipamento (computadores) □ Falta de formação na utilização □ Demora □<br>Bugs informáticos □ Identificação do doente □ Outros □<br>Especificar<br>............................................ |

**Relativamente ao dossier médico partilhado (DMP)**

| | |
|---|---|
| O DMI no HHT é um | Ficheiro médico único por hospital □ Ficheiro médico único por departamento □ Ficheiro partilhado intra-departamento □ Ficheiro partilhado interdepartamental □<br>Não sei □ |
| A partilha de ficheiros no HHT diz respeito aos seguintes elementos | Resumo das observações □ Resumo das realizações □<br>Formulário de consulta em ambulatório □<br>Exames complementares □ Relatório de operação □<br>Consulta pré-anestésica □ Outra □<br>Especificar ............................................. |
| Os dados de saúde devem ser partilhados | Entre médicos □<br>Com o serviço administrativo □ Com o serviço de inscrições □ Com o serviço financeiro □<br>Com enfermeiros □ Com nutricionistas □<br>Com técnicos de anestesia □ Outros □<br>Especificar ............................................. |
| O DMP melhora | Cuidados abrangentes ao paciente □ Cuidados multidisciplinares ao paciente □<br>Gestão de recursos (testes adicionais) □<br>Arquivamento □ |
| Que reservas éticas tem em relação ao DMP? | Confidencialidade/confidencialidade médica □<br>Informação/comunicação□ Consentimento informado□<br>Ética na publicação □ Outros □<br>Especificar ............................................. |
| Considera que é necessário o consentimento do doente para partilhar registos médicos? | Sim □<br>Não □ |

**Tem algum comentário ou sugestão? Em caso afirmativo, quais?**

.................................................................................................................
.......................

.................................................................................................................
.......................

.................................................................................................................
.......................

.................................................................................................................
.......................

.................................................................................................................
...........

**Obrigado por participar neste estudo.**

## Anexo 3: Acordo do comité de ética institucional do HHT para a realização do estudo

Tunisian Republic
Ministry of Health
HabibThameurTeaching Hospital
EthicsCommitee

الجمهوريّة التونسية
وزارة الصحة
المستشفىالجامعيالحبيب ثامر
لجنةالأخلاقياتالطبية

### HABIB THAMEUR TEACHING HOSPITAL
### ETHICS COMMITTEE APPROVAL

**Project Reference:** HTHEC-2022-36

**Project title:**«Shared medical record in the era of the computerized medical record»

« Dossier médicalpartagé à l'ère du dossier médicalinformatisé»

**Nature of Project:** Prospective study

**Lead Principal Investigator:**Assoc. Prof Meriam SABBAH

**Local Chief Investigator:** Prof DalilaGargouri

**Supervisor:**ProfDalilaGargouri

**Project Contact Point:** Principal Investigator: phone:00 216 98629843

Mail: sabbah_meriam@yahoo.fr

ETHICS COMMITTEE APPROVED HABIB THAMEUR HOSPITAL

**Hospital / institution:** HabibThameur Hospital

**Department:** Gastro-enterology department

**Members of HabibThameur Hospital Ethics Committee (HTHEC):**

*Prof Ehsen BEN BRAHIM (MD, Chairperson), Prof Nebiha FALFOUL (MD, Vice-chairperson), Assoc. ProfZohraAYDI (MD, Secretary General), Prof Anis BENZARTI (MD), Assoc. ProfMeriam SABBAH, Assoc. ProfYosra ZGUEB (MD), Assoc. ProfChaouki MBARKI (MD), DrWided BEN AYOUB (MD), Assoc. ProfFatma BEN MBARKA (Pharmacist), DrHelaMAAMOURI (MD), Dr Aida DAIB (MD), Mr Adel BEN HASSINE (Lawyer), MrBilel MOUROU (Health Personnel Representative).*

Date: 28/11/2022

Prof Ehsen BEN BRAHIM
Chairperson

Président du Comité Ethique de l'Hôpital Habib Thameur

8, Ali Ben AyedStreet – Montfleury- 1008 Tunis. TUNISIA
E-mail : comite.ethique.hht@gmail.com
http://www.hopital-h-thameur.rns.tn

## Apêndice 4: Exemplo de consentimento informado para a partilha de dados da Rede Europeia de Referência para as Doenças Raras [18].

FORMULAIRE DE CONSENTEMENT DU PATIENT POUR LE PARTAGE DE DONNÉES
dans
LES RÉSEAUX DE RÉFÉRENCE EUROPÉENS POUR LES MALADIES RARES
pour
LES SOINS DES PATIENTS et LA CRÉATION DE REGISTRES DE MALADIES RARES

### QUE SONT LES RÉSEAUX DE RÉFÉRENCE EUROPÉENS ET COMMENT PEUVENT-ILS M'AIDER ?

- Les réseaux de référence européens (ERN) sont des réseaux virtuels réunissant des prestataires de soins de santé qui s'occupent des maladies rares dans toute l'Europe. Ils ont été créés par la Directive 2014/24/EU relative à l'application des droits des patients en matière de soins de santé transfrontaliers.
- Ces réseaux ont été créés pour permettre aux prestataires de soins de santé de collaborer, afin d'aider les patients qui souffrent de maladies rares ou d'autres affections qui nécessitent un traitement hautement spécialisé.
- Avec votre accord et conformément aux lois européennes et nationales sur la protection des données, votre cas peut être soumis aux réseaux de référence, afin que les professionnels de la santé de ces réseaux aident votre médecin à poser un diagnostic et à mettre au point un programme de soins.
- Afin de permettre aux réseaux de référence de donner des conseils sur votre traitement, les données qui vous concernent et qui ont été collectées dans cet hôpital doivent être partagées avec des professionnels de la santé dans d'autres hôpitaux, parfois dans d'autres pays européens. Votre médecin peut vous en dire davantage sur les pays qui font partie des réseaux qui s'occupent de votre maladie.
- Les professionnels de la santé qui s'occupent habituellement de vous seront toujours responsables des soins qui vous seront apportés.
- Les données qui vous concernent ne seront pas partagées sans votre accord et, même si vous décidez de ne pas donner votre accord, les médecins continueront de s'occuper de vous le mieux possible.

### QUELS SONT MES DROITS?

- Vous avez le droit de donner ou de retirer votre accord pour le partage de données avec le(s) réseau(x) de référence.
- Si vous acceptez aujourd'hui de partager vos données, vous pourrez toujours retirer votre accord plus tard. Votre médecin vous expliquera comment supprimer vos données des dossiers si vous le souhaitez. Il est possible que l'on ne puisse pas retirer des informations qui ont été utilisées pour vous soigner.
- Vous avez le droit d'être davantage informé sur les fins auxquelles vos données seront traitées et sur les personnes qui auront accès à ces données. Votre médecin vous dira qui peut vous aider si vous souhaitez plus d'informations
- Vous avez le droit de voir quelles informations vous concernant sont enregistrées et de demander des corrections si certaines informations ne sont pas correctes. Vous pourriez aussi avoir le droit de bloquer ou effacer vos données.
- L'hôpital dans lequel vos données sont collectées est responsable de ces données. Il devrait traiter vos demandes concernant vos données endéans les 30 jours.
- L'hôpital a le devoir de s'assurer que vos données sont traitées en toute sécurité et de vous avertir si la sécurité de vos données n'est pas respectée.
- Si vous vous inquiétez quant à la manière dont vos données sont traitées, vous pouvez contacter votre médecin traitant ou l'autorité compétente chargée de la protection des données.
- Votre hôpital évaluera tous les 15 ans le besoin de garder vos données dans le réseau de référence.

### LES DONNÉES PARTAGÉES SONT RENDUES NON IDENTIFIABLES

- Si vous et vos médecins êtes d'accord pour demander le soutien de l'un ou de plusieurs réseaux de référence, ce formulaire de consentement autorisera l'hôpital à partager toutes les données de votre dossier médical qui pourraient aider les professionnels des réseaux à discuter des soins dont vous avez besoin.
- Votre nom et votre adresse ne seront pas communiqués.
- Les données partagées peuvent inclure des images médicales, des rapports de laboratoire ainsi que des données d'échantillons biologiques, ou encore des lettres et des rapports rédigés par d'autres médecins qui vous ont traités par le passé.
- Si vous décidez de consulter les réseaux de référence, vos données seront partagées grâce à un système électronique d'échange d'informations sécurisé appelé ERN Clinical Patient Management System.

### QUID DES BASES DE DONNÉES/REGISTRES DE MALADIES RARES ?

- Pour améliorer les connaissances futures sur les maladies rares, les réseaux de référence européens dépendent beaucoup des bases de données visant la recherche et le développement des connaissances.
- Ces bases de données, aussi appelées registres, ne contiennent que des informations rendues non identifiables. Votre nom, votre date de naissance ou votre adresse ne sont PAS communiqués. Seules les informations sur votre état de santé y sont enregistrées.
- Afin de contribuer à ces registres, vous pouvez donner votre accord pour que les informations vous concernant y soient ajoutées. Si vous décidez de ne pas le donner, cela n'affectera en rien les soins qui vous sont apportés.

### QUID DE LA RECHERCHE SUR LES MALADIES RARES?

- Vous pouvez aussi nous dire si vous souhaitez être contacté dans le cadre des projets de recherches pour lesquels vos données pourraient être utilisées.
- Si vous acceptez de partager vos données pour la recherche, nous vous contacterons pour que vous puissiez donner votre accord pour un projet de recherche précis.
- Vos données ne seront pas utilisées sans votre consentement pour un projet de recherche particulier.

CE FORMULAIRE DE CONSENTEMENT PEUT ÊTRE UTILISÉ POUR PARTAGER DES DONNÉES AVEC LE(S) RÉSEAU(X) DE RÉFÉRENCE SUIVANT(S)-

(À faire remplir par le prestataire de soins de santé qui signera au bas)

..........................................................................................................................

..........................................................................................................................

**RENSEIGNEMENTS SUR LE PATIENT**

**Prénom : ........................Nom de famille : ........................................**

**Date de naissance :** ☐☐ ☐☐ ☐☐☐☐ **Numéro d'identification :** ☐☐☐☐☐☐☐☐☐☐☐☐☐☐

*Veuillez cocher la case adéquate :*

☐ **Je suis le patient** ☐ **Je suis le parent/tuteur du patient** ☐ **J'ai une procuration**

| | |
|---|---|
| ✔ **J'ACCEPTE que mes données rendues non identifiables soient partagées dans un ou plusieurs réseaux de référence européens pour mes SOINS.**<br>Je comprends que mes données seront partagées avec des professionnels de la santé d'un ou plusieurs réseaux de référence pour qu'ils puissent collaborer en vue d'améliorer mes soins.<br>**Signature** ..................................... **Date** ........... | ✖ **JE REFUSE que mes données soient partagées dans un ou plusieurs réseaux de référence européens pour mes SOINS.**<br>Je comprends que cela signifie qu'aucun réseau de référence ne peut être consulté pour contribuer à mes soins.<br>**Signature** ..................................... **Date** ........... |
| ✔ **J'ACCEPTE que mes données rendues non identifiables soient enregistrées dans un(e) ou plusieurs bases de données/ registres des réseaux de référence européens.**<br>**Signature** ..................................... **Date** ........... | ✖ **JE REFUSE que mes données soient enregistrées dans une base de données/un registre des réseaux de référence européens.**<br>**Signature** ..................................... **Date** ........... |
| ✔ **J'aimerais être contacté dans le cadre de recherches.** Dans ce cas, je déciderai si j'accepte que mes données soient utilisées pour un projet spécifique ou non.<br>**Signature** ..................................... **Date** ........... | ✖ **Je ne veux pas être contacté pour que mes données soient utilisées pour la recherche.**<br>**Signature** ..................................... **Date** ........... |

**MÉDECIN TRAITANT ou PERSONNE AUTORISÉE À CONSTATER LE CONSENTEMENT**

**Nom** ........................................................ **Fonction** ........................................... **Date** ..............

OÙ PUIS-JE OBTENIR DAVANTAGE D'INFORMATIONS ?

Pour en savoir plus à propos des réseaux de référence européens, consultez la page suivante: https://ec.europa.eu/health/ern_en

## Apêndice 5: Proposta de um formulário de consentimento informado para a partilha de dados de saúde em dispositivos médicos

**FORMULÁRIO DE CONSENTIMENTO INFORMADO PARA PARTILHA DE DADOS**

Eu, abaixo assinado ..............................................(Apelido e nome próprio do participante/tutor legal),

☐ Aceita livre e voluntariamente (aceita que a pessoa sob a minha tutela)

Recusar (recusar que a pessoa sob a minha tutela)

partilhar os meus dados de saúde (os dados de saúde da pessoa sob a minha tutela) no ficheiro informatizado com todos os profissionais de saúde, exclusivamente para efeitos de continuidade e qualidade dos cuidados.

Reconheço que recebi informações claras e inteligíveis sobre a partilha de dados de saúde, a sua finalidade e os seus termos e condições, e que recebi respostas a todas as minhas perguntas sobre esta partilha.

Já tive tempo suficiente para pensar e tomar uma decisão.

Fui igualmente informado do meu direito (o direito da pessoa sob a minha tutela) de retirar o meu consentimento (retirar o consentimento) a qualquer momento, se o considerar necessário, ou de definir os dados que posso ou não partilhar, bem como os profissionais de saúde que pretendo incluir na partilha dos meus dados de saúde, sem que isso me prejudique.

Feito em ..............., em ...................... Consentimento obtido por

(Nome e cargo) e assinatura eletrónica

Nome do participante ou do tutor legal (dados de contacto: apelido e nome próprio / telefone) e assinatura eletrónica

## REGISTOS MÉDICOS PARTILHADOS NA ERA DOS REGISTOS MÉDICOS INFORMATIZADOS

## Resumo

### Introdução :

O registo médico partilhado (DMP) só recentemente foi introduzido no Hospital Habib Thameur (HHT). A sua utilização levanta questões éticas pouco estudadas, nomeadamente na Tunísia. O objetivo do nosso trabalho foi descrever, através da experiência do HHT, as questões éticas levantadas pelo DMP, nomeadamente a informação, a confidencialidade, a identificação do tipo de dados e os objectivos da partilha de dados (cuidados, investigação, etc.).

### Métodos :

Trata-se de um estudo transversal (agosto de 2023 - fevereiro de 2024) que incluiu profissionais (médicos habilitados e médicos em formação) que utilizam o DMI no HHT e que deram o seu consentimento informado por escrito para participar no estudo. Preencheram um questionário que lhes foi entregue ou enviado por correio eletrónico, contendo um conjunto de informações: informações gerais, informações sobre o registo médico eletrónico, informações sobre o DMP e os seus valores éticos e uma pergunta aberta com sugestões.

### Resultados :

Incluímos 86 participantes (rácio de sexo M/F de 0,43 e idade média de 33,5 anos [25-56 anos]). A maioria era residente (n=29). Todos os participantes tinham conhecimentos prévios de software informático. participantes. A utilização do DMI era prática corrente em 85 casos.

A utilização do DMI facilitou a prática quotidiana de 80 participantes, sendo os principais pontos negativos a falta de recursos e de formação e os erros informáticos. Quarenta e quatro participantes consideram que o registo médico é único para cada hospital. A partilha de dados de saúde optimizou a gestão dos recursos, a multidisciplinaridade e os cuidados globais prestados aos doentes. As reservas éticas expressas relacionam-se principalmente com os valores da confidencialidade e do respeito pelo segredo médico (n=70), seguidos da comunicação/informação (n=48). Sessenta participantes consideraram que era necessário o consentimento informado antes de os dados de saúde poderem ser partilhados (69%).

## Conclusão:

No final do nosso estudo, os médicos participantes parecem estar conscientes dos dilemas éticos levantados pelo DMP. A sensibilização, a formação dos profissionais de saúde, o desenvolvimento de normas comuns e a adição do requisito de consentimento informado permitirão que o DMP seja implementado de forma generalizada, respeitando as questões éticas levantadas.

valores éticos essenciais.

**Palavras-chave:** Bioética, confidencialidade, segredo médico, registos médicos informatizados, registos médicos partilhados.

# O REGISTO MÉDICO PARTILHADO NA ERA DO REGISTO MÉDICO INFORMATIZADO

**Resumo Antecedentes**:

O registo médico partilhado (SMR) foi recentemente introduzido no Hospital Habib Thameur (HHT). A sua utilização levanta questões éticas pouco estudadas, nomeadamente na Tunísia. O objetivo do nosso estudo foi descrever, através da experiência do HHT, as considerações éticas suscitadas pelo processo clínico partilhado, em particular a informação, a confidencialidade, e identificar os objectivos da partilha de dados

**Métodos :**

Um estudo transversal (agosto de 2023 - fevereiro de 2024) que incluiu profissionais de saúde (médicos licenciados e em formação) que utilizam o registo médico eletrónico (EMR) em HHT que deram o seu consentimento informado por escrito para participar no estudo. Preencheram um questionário entregue ou enviado por correio eletrónico contendo várias informações: gerais; relativas ao EMR, relativas ao SMR

**Resultados :**

O nosso estudo incluiu 86 participantes, maioritariamente residentes (n=29), com um rácio de 0,43 entre os sexos e uma idade média de 33,5 anos [25-56 anos]. Todos os participantes registaram uma utilização prévia de software informático. O EMR foi utilizado na prática comum em 85 casos. A utilização de EMR facilitou a prática quotidiana de 80 participantes; os pontos negativos apontados foram principalmente a falta de recursos, a formação e os erros informáticos. Quarenta e quatro participantes consideram que o registo médico é único por hospital. A partilha de dados de saúde optimizou a gestão dos recursos, a multidisciplinaridade e os cuidados globais prestados aos doentes. As reservas éticas expressas pelos participantes estavam principalmente relacionadas com os valores da confidencialidade e do respeito pelo sigilo médico (n=70), seguidos da comunicação/informação (n=48). Sessenta (69%) participantes consideraram necessário o consentimento informado antes de partilhar dados de saúde.

**Conclusão:**

O nosso estudo mostrou que os médicos participantes pareciam estar conscientes dos dilemas éticos suscitados pela RME. A sensibilização, a formação dos profissionais de saúde, o desenvolvimento de normas comuns e a inclusão do consentimento informado ajudarão a generalizar a RME, respeitando os valores éticos essenciais.

**Palavras-chave :** Bioética, confidencialidade, segredo médico; registo médico informatizado, registo médico partilhado

Printed by Books on Demand GmbH, Norderstedt / Germany